店主は、猫

台湾の看板ニャンコたち

猫夫人・著

はじめに

本書の写真はどれも、２０１１年の年初から10月までに撮影したものです。

ファインダーのなかに新しい発見があり、シャッターを押したあともそれがずっと心に残る――それが撮影に惹かれる理由のひとつ。そして撮影で出会ったたくさんのかわいい猫たち！　みんなが力をくれたから、どんなに暑くても、わたしは重いカメラを背負って前に進むことができた。ときには撮影しながら、家のことを思い出す。ご飯や子供の勉強の心配もしなきゃならないし、仕事もたくさん残ってる……。でも、猫ちゃんの姿を見たとたん、そんなのぜんぶどこかへ消えてしまう。

今回、「看板猫」というテーマで撮影をしていくうちに、わたしは台湾社会の奥底にあって普段は見逃している美しい特質を見つけた。それは――熱意、実直さ、そして助け合い。どのお店も毎日一生懸命働いている。でもその忙しい日常のなか、なお思いやりの心を発揮して、まぎれこんできたノラ猫たちの世話をする。そんな人と猫とのあいだの助け合いの精神に、わたしは感動した。

さらにお店の人びとのご好意のおかげで（それに、インターネットの仲間たちの協力があって）、こんなにたくさんの店猫を撮影することができた。本作品の主役は猫ちゃんだけど、撮影のなかでわたしは、人と人とのコミュニケーションを学ぶことができたと思う。お店の人に声をかけるとき、きちんとした言葉遣いで受け答えすれば、その場でもすぐ撮影を許してくれる。ただ、今回お邪魔したところは、昔ながらのお店が多かったので、店内が暗く、撮影は大変だった。

本書の作業のあいだ、夫の「猫博士（猫を治す獣医。わたしは猫博士の夫人だから、猫夫人なの）」もあちこちのロケに同行してくれた。ご苦労さま。心からのありがとうを伝えたい。

どのお店の猫ちゃんにも、映画のワンシーンになるようなエピソードがあった。それがこの一冊にぎゅっとつまって魔力が生まれ、きっとみなさんの心を熱くさせるはず。

「台湾人は猫嫌い」ってよく言われていたけど、この数年台湾のいろんなところを歩きまわって、それが嘘だってことがわかった。どのお店でも、最初は「ネズミを捕る」という目的で飼い始めたのかもしれないけれど、いつしか猫とのあいだに情が芽生えて、その奥ゆかしいけど豊かな感情表現にノックアウトされ、最後はみんな猫ちゃんを家族の一員にしてしまうのだ。

もっと感動的なのは、あるお店で猫を飼い始めると、どんどん隣近所にその猫愛が「伝染」していって、ついには商店街じゅうが猫だらけになることだ。最後はお客さんまで「陥落」して、猫好きになり、猫飼いになる。台湾って、なんてかわいい場所だろう。

わたしが目にしたふれあいや耳にしたエピソードが、写真の力を借りて、そのうちにたぎる情熱とともに、読者のみなさんに伝わればと願っています。台湾には、みなさんと同じように猫たちを大事にする人がたくさんいて、あちこちの街角で猫たちを見守っています。

猫夫人

もくじ

第一章

台北の看板猫たち

初めてのお店で撮影するときはいつも、どきどきする。
内心、いやな顔されませんようにって念じてるくらいだけど、
「お店の猫を」って言ったとたん、店の人は大っきな笑顔に変わるの。
ハッハッハって笑ったあと、「あっちだよ、撮ってきな」って親切に教えてくれる。

真正上等雞肉製成

【漢方薬局】「信安堂中薬行」

台北市延平北路五段190号

フェイは
おしゃべりが好きで、
かしこい子。
漢方薬の「金《きん》銀《ぎん》花《か》」が
気になるらしくて、
ときどきつまみ食い
しちゃうんだって。

番頭
フェイ（阿肥）

丁稚
リンリン（鈴鈴）

社長のお孫さん
ションション
（熊熊）

「ほら！　フェイ、写真撮ってくれるってさ」

初めてのお店で撮影するときはいつも、断られたりしないかなってどきどきする。最初お声がけするときも内心、いやな顔されませんようにって念じてるくらいだけど、「お店の猫を……」って言ったとたん、店の人は大っきな笑顔に変わるの。ハッハッハって笑ったあと、「あっちだよ、撮ってきなよ」ってみんな親切に教えてくれる。そもそも、どの店の看板猫にも固定ファンがついていて、だからわたしみたいな招かざる——買わない客だって、お店の人はとっくに慣れっこ。

漢方薬局の〝番頭〟フェイが社長の声を聞いて、カウンターの内側からのそりと出てきた。「肥《フェイ》」という字のとおりでっぷり太った、のんびり屋さん。背中を伸ばして、なんどもあくびをして、きっと寝すぎたのね。こうして見てるだけで、お店の人に大事にされていることがよく

漢方薬
「金銀花」を
食べるフェイ

わかる。

11歳になるフェイはおしゃべりが好きで、しかもとってもかしこい子。解毒作用がある漢方薬の「金《きん》銀《ぎん》花《か》」が気になるらしくて、商品なのに、ときどきつまみ食いしちゃう。

ここの社長——人間のおじいちゃんと、フェイはいちばんのなかよし。だから外出するとき行き先を言わなかったら、さあ大変。おじいちゃんはどこ？って、店で待ちぼうけを食わされたフェイはすごく怒るんだって。

やっとのことでおじいちゃんが帰ってくると、フェイは文句を言うみたいに甘えた声でずっと鳴くの。それから、おじいちゃんがソファーでテレビを見ているときは、いつも近くに腰掛けて背中を撫でてもらう。おじいちゃんの手が止まると、フェイったら頭をスリスリして催促するんだから。

そんなおじいちゃんと孫娘みたいななや

りとりを見ていたら、わたし感動しちゃった。おじいちゃんが猫との思い出をぽつりぽつりと語り始める——フェイを拾った日のこと……。家につれて帰ったあと、大事に看病したこと……。このときフェイは一瞬も視線を外さず、黙っておじいちゃんを見ていた。

猫には感情がないなんて言う人もいるけれど、それはただ、伝えたいことを心のなかにしまっているだけで、その目を見れば、猫たちがどれほど豊かな感情を持っているかすぐわかる。

小さいころ、わたしは漢方薬の匂いが嫌いだった。でも不思議なことに、大人になったら、この匂いが好きになった。猫ちゃんもこんな環境で毎日くらしていたら、知らず知らずのうちに健康のお墨付きが貰えてるかもしれないね?

そんなことを考えていたら、おじいちゃんが濡れタオルを取ってきて、フェイの体を拭き始めた。なんてさりげないやさ

NEXT MAGAZINE

台湾では生活に溶け込んでいる漢方薬。
猫ちゃんがいる薬局は珍しい？

しさだろう。顔を拭くと、フェイの鼻やほっぺがグルグルになって、おかしい。前はシャワーで洗っていたけど、猫たちがみんないやがって、手や腕を引っかかれてしまう。だからタオルで拭いてやることにしたんだって。猫ちゃんはもともときれい好きだけど、これはおじいちゃんの猫への愛情表現なんだって思った。

お客さんに甘えるのが大好きなフェイには、家のなかにもひとり熱烈なファンがいる。バレンタインにお花をプレゼントするというそのファンは、ここの（人間の）お孫さん。撮影中もずっとついてきて、レンズに向かってポーズを撮って、とにかくかわいい。見ていると、こちらまで無邪気な気持ちになる。それにこのちびちゃん、フェイのお鼻を突っつきながら、「トントン」、「トントン」って言うのをやめない。猫ちゃんの天敵は子供だって言うけど、フェイがこんなに辛抱強いのは、ずっとこんなふうに遊ばれて、諦

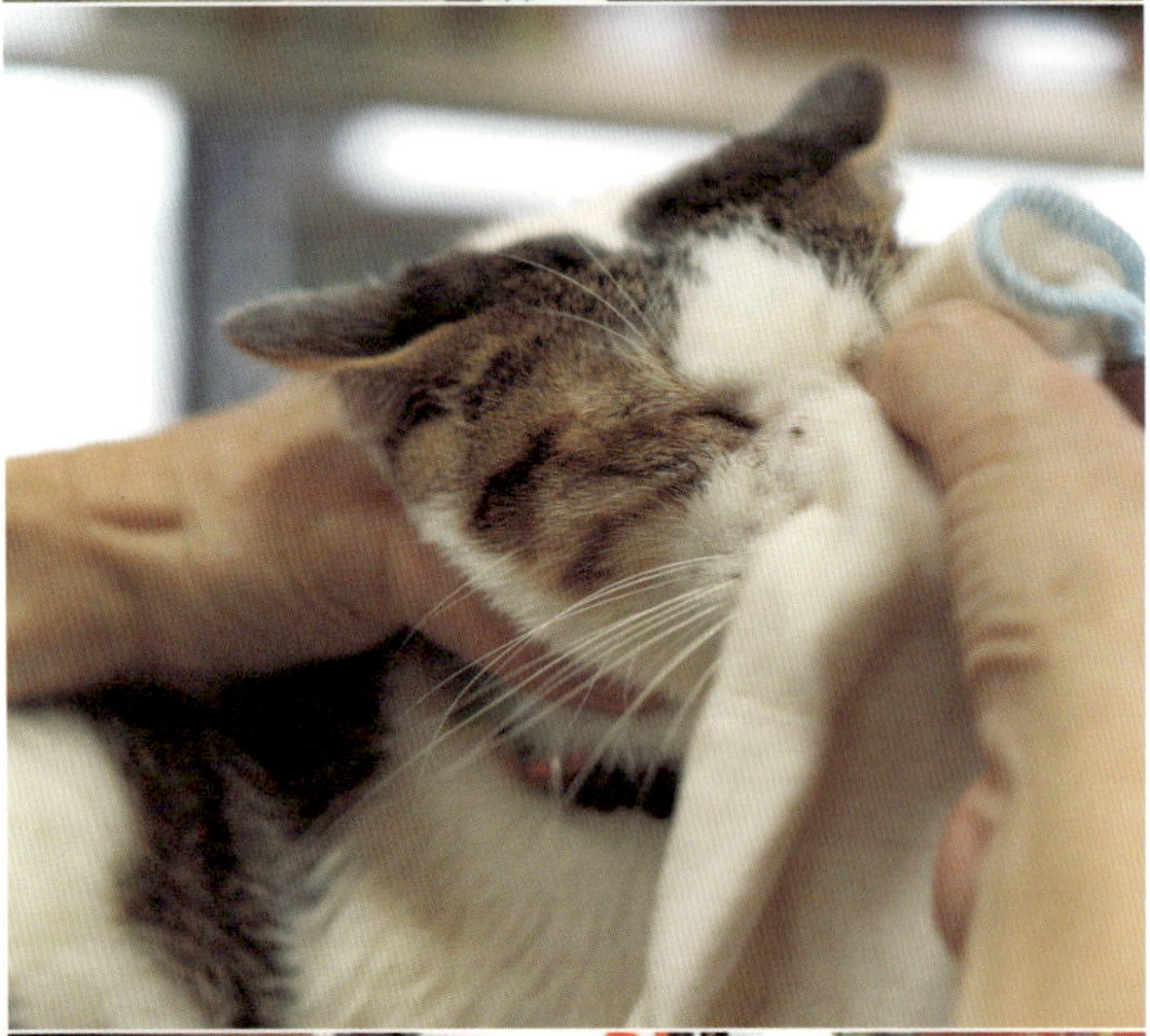

めの境地に達しちゃったからかな？　試しに、おじいちゃんに訊いてみた。「お孫さんと猫ちゃんとどっちが好きですか？」

すると、おじいちゃんはこう答えた。「どっちも家族だよ。猫もかわいい、孫もかわいい。だから大事にしてやらにゃ」

そう、だからこのひとつ屋根の下には、猫と人の笑いが弾けて、エネルギーが満ち溢れているのね。

おじいちゃんは、毎日タオルでフェイとリンリンの体を拭いてやる。もう10年以上もかかさずやってるんだって。もうすっかり家族同然!!

子供は猫の天敵っていうけれど、
このコンビはそんな迷信、
ふっ飛ばしてくれる。

ションション「トントン、だれかいますか?」

こっちは丁稚のリンリン。漢方薬のいい匂いに、眠たくなってきた。

【乾物屋さん】「浜江商行」

台北市民族東路410巷37号

Yukiったら
干しホタテ
食べちゃうんだよ!
売り物なのに!
高いのに!

丁稚
カイ(干貝)

おまけ

お隣の乾物屋
「茂元行」の
トト(多多)

番頭
Yuki

店主
翁《おう》さん

720
斤
760
斤
小磨坊 品質承諾
作客戶的第一好夥伴
作市場的第一品牌
作自己的 NO. 1
Tomax 小磨坊國際
www.tomax.com.tw

乾物屋の「浜江商行」さんへは、3ヶ月ぶりのお邪魔になる。店主の翁《おう》さんはやっぱり忙しそう。お客さんの相手をしたり、店員に指示を出したり、店中をあわただしく行き来してる。あれ!? Yukiがいない。「朝、犬を連れたお客さんがいてね、ケンカふっかけるから、隔離したんだ」と翁さん。ほんとだ、ひもにつながれたYukiが、棚の奥のほうにいた。「わたしが悪いんじゃないの」とでも言いたげなYukiの表情に、わたしは吹きだしそうになる。「もう出てきていいよ」と、翁さんがYukiに言った。

お店には、みんなに大人気の白猫Yuki以外に、3匹のトラ猫がいる。でも3匹とも人間が苦手。店中を走りまわるチビトラは、前回来たときはまだお腹のなかにいたっていうけど、はて? 見覚えがない。ご店主も、どっちがお母さんなのかわからない。トラ猫は3匹とも柄がそっくりだし、警戒心が強くって、普

段から近寄らせてもらえないんだそう。でもそのおかげでこの店にはネズミがいない。

それにひきかえYukiはネズミ捕りがへたっぴ。ほかの2匹は獲物をくわえて、見せびらかしにくるのにね。Yukiはまるで甘やかされた子供みたい。ちっちゃいころから翁さんのそばを離れず、出張にもついて行ったっていうし、今もネズミを追いかけないばかりか、お店の干しホタテを食べちゃう。600グラム1200元［約4300円］のには見向きもしなくて、1800元［約6500円］の最高級品ばっかり食べるんだって！ 箱入り娘よねぇ。おうちが乾物屋さんでよかった。よそだったら、食い物の恨みがおそろしいよ……。

Yuki
「やっぱり高い
干しホタテの
ほうが おいしい」
1500

ネズミより
お客さんが大事

生まれた
ばかりのチビ猫
「カイ」

すぐ近くの「茂元行」さんでくらしているトトは、とっても個性的な女の子。彼女は店の息子さんが店番してるといつも、レジのところにはりついて、じっと彼のことを見てる。お客さんがお勘定しているあいだも、どかっと腰掛けてどかないの！

でも、彼女には熱心なファンがいるからね。みんなトトの顔を見に、お店にやってくる。息子さんが言うには、「乾物屋だから、猫を飼ってると、ネズミがこなくて安心だよ。ほら、これっぽっちしかない問屋街に、猫飼ってる店がすごくたくさんあるんだ。ただ、みんな普段からいいもん食ってるからね。ネズミを捕まえるほどお腹が減ってないかもしれない。あとは猫たちの職業的良心にかかってるってこと」

長毛のトトは棚が好き

【製麺屋さん】「延吉街麺粉店」

台北市延《えん》吉《きつ》街9巷2号

4歳のディンディンは
ひとの気持ちがわかる猫。
お母さんのうしろを
ずっとくっついて、
麺の配達にもつきあう。
なんてやさしい子なのかしら。

社長夫人
陳さん

配達助手
ディンディン
（陳叮叮）

こちらは延吉街で長くご商売されている製麺屋さん。馴染みのお客さんは店に入ってきてまず、「ディンディン」と叫ぶ。するとさっそく茶トラの猫ちゃんが現れて、挨拶する。そう、ディンディンは人の話がわかる猫なの。

ディンディンは麺と縁がある猫で、そもそもお父さんは向かいの冷麺屋（涼麺）の飼い猫だった。生まれて2ケ月が経ったころ、顔なじみだったこの製麺屋に、貰われてきたのだ。ディンディンは持ち前のかわいさとかしこさで、あっというまにご近所の人たちをメロメロにした。

そりゃディンディンだって、猫がやりがちな失敗は全部している。例えば、子供のころはネズミを捕まえたけど、大人になったら見向きもしないとか。でも、それに文句を言う人がいたって、まわりのファンはみんな聞こえないふり。人間ってずるいよね。だってわたしたちは、そんな猫ののんきさとマイペースを愛している

おなかを露わに「なかよし」のポーズ

のだから。猫ちゃんはやっぱり、わたしたちの心をがっちり掴んでいるのだ。

4歳のディンディンは、人の意図もわかるし、しかもとっても気づかいができるやさしい子。人間のお母さんが使う道具や材料をひっくりかえさないのはあたり前。午前は麺作りをじっと見守り、午後は配達にもくっついていく。ほら、ディンディンの駆けていく姿——まるでお母さんを見失ってしまうのが不安みたい。こんな、打てば響くような猫なら、そりゃみんなかわいがるはず。ディンディンがかしこそうな瞳でわたしを見ている。おなかを見せて、わたしに「なかよし」って言ってる。そのコミュニケーションの巧みさに、ひたすら感心するばかり。だから陳さんが大声で客寄せしなくたって、みんな猫に会いたくて店を訪れる。

135-EQD

ディンディン
「配達なら
お供します!!」

【荒物屋さん】「五百元五金店」

台北市五《ご》常《じょう》街271号

元気すぎるハッピー。
こら！
おばあちゃんの入れ歯で
遊んじゃダメ！

おまけ

マンガと模型の店
「精緻漫画店」
Maya、トラ（老虎）
ハナ（小花）

かわいい看板姉妹
ミミ（璆璆）とキキ（綺綺）

おてんば娘
ハッピー
（Happy）

そこにいたのは、ひとなつこくて、楽しい子供たちだった。

荒物や道具を売る「五百元五金店」に入ると、女の子が慣れた口調で「なににしますか?」と訊いてきた。このときおばあちゃんは、奥でおなじみさんとおしゃべりしていたけど、全然ほったらかし。わたしくらいのお客なら、この妹さん――ミミちゃんひとりで十分なのだ。

わたしは猫ちゃんに会いに来たと告げた。するとミミちゃんはとたんに目をキラキラさせて、前のめりになってこう言った。「ハッピーはねぇ、今、外に遊びに行ってるの」。おや、声が子供に戻った。それにいつも猫ちゃんの動きに気を配っているんだろう。ミミちゃんはキョロリともせず、猫がどこに行ったか教えてくれた。わたしが写真を撮りにきたのだと言うと、ミミちゃんは待ちきれない様子で、猫の帰りを待った。

看板姉妹は看板猫のハッピーが大好き!

寄り目の
ハッピーと
おねえちゃんの
キキ。

ハッピーが帰ってきた。うれしそうにハッピーのほっぺをさすりながら、ミミちゃんは言った。「本に載るって！　スターになっちゃうかもよ!?」

ハッピーは本当にかわいい。ちょっと寄り目で、声なんかまさに猫なで声だ。お姉さんのキキちゃんも帰ってきて、店で一緒に遊び始めた。ほら、3人。もとい、2人と1匹のなかよしショット。きっとちいさいころから、ハッピーはふたりの大事なともだちだったんだろうなぁ……。おばあちゃんもニコニコしてその光景を眺めている。ふたりはつい何日か前まで台湾南部に行っていて、そのあいだハッピーはずっとさびしくておばあちゃんの膝に跳びのって、「どうしてお姉ちゃんたちは帰ってこないの?」って、にゃーにゃー鳴いてたんだって。

ハッピーはとてもいい性格で（もっともそれは家の中だけらしい）、この姉妹に

店長の黄さん。ハナとMayaを抱っこして、満面の笑顔。

抱っこされようが、いたずらされようが、ごきげんを損ねたりしない。でもミミちゃんとキキちゃんがわたしに告げ口する——ハッピーは外に、ボーイフレンドがたくさんいるの！　おまけになかなかのおてんばさんで、おばあちゃんの入れ歯の水を飲んじゃったり、お焼香の壺で遊んで、神棚を灰だらけにしちゃう。ふたりの話に、わたしは笑ってばっかり。なにげない日常が、猫ちゃん主演のコントみたいで、とっても楽しい。

寄り目のハッピーとかわいい看板姉妹が店番する〝500元〟のお店に行けば、きっと500元以上のおまけがついてくるよ。

それからハッピーの彼氏に会いに行った——噂のMayaくんだ。Mayaくんはとなりの模型ショップのバイトくんで、店を預かる黄さん兄妹のおかげで、お気楽な生活を満喫している。Maya

Mayaはバイトのくせに、
かごのなかでお昼寝

は日本語の「山猫」の「やま」を入れ替えた名前。だから、名前負けしない立派な体をしてる。でも、今はほら、小さなかごのなかにそのがっちりした体を丸めてお昼寝中。この店にはほかにも2匹の猫がいる。ハナちゃんとトラちゃんだ。どちらも13歳を超えていて、でも毛並みはきれいで、体つきもしっかりしてる。まったく、ここは風水がよすぎるんじゃないの?

どうして猫を飼っているかを訊ねると、お話は黄さんのご両親のころまでさかのぼった。もともと錦州《きんしゅう》街に店を出していて、その後この五常街に引っ越してきたけど、そのあいだ猫がいなかったことはなかったそうだ。入り口のところにネズミ捕りかごが置いてあって、わたしは不思議に思って訊いた。「これ、どうして?」。すると、ご店主の黄さんはため息をついてこう言った。「以前、店の前の道をネズミが通っていったんだよ。

口もとが白いこっちはトラちゃん

カゴはMayaだけのもの

そのときうちの猫ときたら、３匹とも見てるだけで捕まえない。ネズミは大手を振って通りすぎていったよ」と、とっても気まずそうな黄さん。きっと猫を飼ってるのに、ネズミ捕りを置くのが恥ずかしいと思ってるのね。ドンマイ！　気にしないで！

BINGO
台灣彩券
Taiwan Lottery
未滿
十八歲者
今天開獎
NO
SMOKING
5分鐘開獎一次！
72298

【靴屋さん】

「月卿男女皮鞋」

台北市伊通街106巷7号

うちの猫はネズミどころか、
ゴキブリだって捕まえてくる。
おかげで店内はピカピカ！

総括マネージャー
ミャー（阿咪）

見習い店長
オレンジ（阿橘）

メスのミャー。
店でいちばん
大きい猫。8歳。

オレンジ　1歳。
靴を踏んで店内を
散歩するのが好き。

細い路地にある、なつかしい感じの靴屋さん。もし猫がいなかったなら、きっと気にも留めず、通りすぎていたことだろう。

台湾はかつて「靴王国」だった。80～90年代は、靴製造で大きな外貨を稼いだ。伊《い》通《つう》街の路地に隠れたこの靴屋さんも、開店してもう20年になる。だから社長の黄さんは、台湾の革靴業界の栄枯盛衰を知り尽くしている。こうした昔ながらのお店は、世界的なチェーンの派手な内装にはかなわないけど、でも新しい流行の靴はちゃんと並んでいて、品揃えでは十分対抗している。それにここ数年、台湾の新しいブランドが登場し、履き心地がよく長く使える靴が評判となり、さらにこの店のような親切なサービスとあいまって巻き返しているという。

お店にいる3匹の猫ちゃん

クロ(小黒)は
メスの3歳。
棚のいちばん
下にいる臆病ネコ。

毎年恒例のバーゲンがもうじき始まる。忙しくなる前にすこしお休み。

は、もともとは近所のノラだった。社長と息子さんが外から拾ってきてはお医者さんに連れていき、それからだれかに貰われていくのだが、この3匹はその〝売れ残り〟で、そのまま靴屋でネズミを捕ってもらうようになったのだ。社長が笑って言った。「この子たちはネズミどころか、ゴキブリだってハエだってなんでも捕まえて、追っ払ってくれるから」。なるほど、お店にチリひとつないのはそのせいね。

　すばしっこい猫たちだけど、でも飾り棚のガラスを割ったりはしない。それにショーウインドウから外を眺めているのが大好きで、道行く人はつい足を止め、写真を撮ったり、手を振ったり、どんどん猫たちとなかよくなっていく。そういうわたしだって、そんな猫ちゃんに引き寄せられて入ってきたのだ。猫の魅力はまったく押し止めようがない。

店内をかろやかに
パトロールする
オレンジ。

【ボタン屋さん】

「崇華実業」

台北市重慶北路二段80巷24号

暑い夏の午後は、
涼しい
ガラスケースの上で
お昼寝してます。
ちょっと！
商品が見えにくいったら
ありゃしない。

ボタン弟子
ミャー
（喵喵）

ボタン師匠
ピカ
（Pika）

またも真っ昼間から猫さがしに出発した。どうしてこの時間かって？　だって朝は旦那様が家にいて、彼を置いて外出はできない（なんて古風な猫夫人！）。「いってきます」って毎日先に出かけてたら、きっといつか文句を言われちゃう。じゃあ、もう少し遅く家を出ればいいじゃないって言われるけど、それはそれで、子供の帰宅時間や晩ごはんの準備に間に合わなくなっちゃう。だからね、猫の撮影との両立はけっこう難しいの。
しょうがないからあいだを取って、猫がいちばん出てきたがらない昼間に街を歩いて、まるで砂漠に落としたダイヤモンドを拾うみたいに猫をさがす。でもこれもご縁だから、たとえまわり道をしたって、縁さえあれば、きっと今日も猫ちゃんと出会える。
今日は製麺屋さんの猫を撮影する予定だったんだけど、お店の人に訊いたら、猫はこの時間、外出してるから夕方おい

お店のなかを覗きこめば、
店員さんの姿はなく、2匹の猫がいるだけ。

で、って言われちゃった。（そりゃ猫ちゃんは、わたしが家族の晩ごはんのために早く帰るなんて知らないからね）。がっかりしてわたしはお店の人にさよならを言った。37度の酷暑のなか、重い撮影機材を背負って台北の街を歩いていたら、あっという間に汗びっしょり。車を置いた駐車場までショートカットしようと裏道に入ると、ふと視界に入ったボタン屋さんのガラスケースに、わたしの目は釘付けになった。猫ちゃんがいる！　気だるそうに体を横たえ、眠たそうにしている。猫のそばでは店長（らしき人）が、お目目をつぶってお昼寝中。

普通の人は、ここで声をかけるのは気が引けるよね。人様のお昼寝タイムを邪魔しちゃうわけだから。ないしょで撮影したとしても、シャッター音で起こしたら、きっと睨まれちゃう！　でも、諦めるわけにはいかない。だってわたしは、「猫、必撮」をモットーに行動している

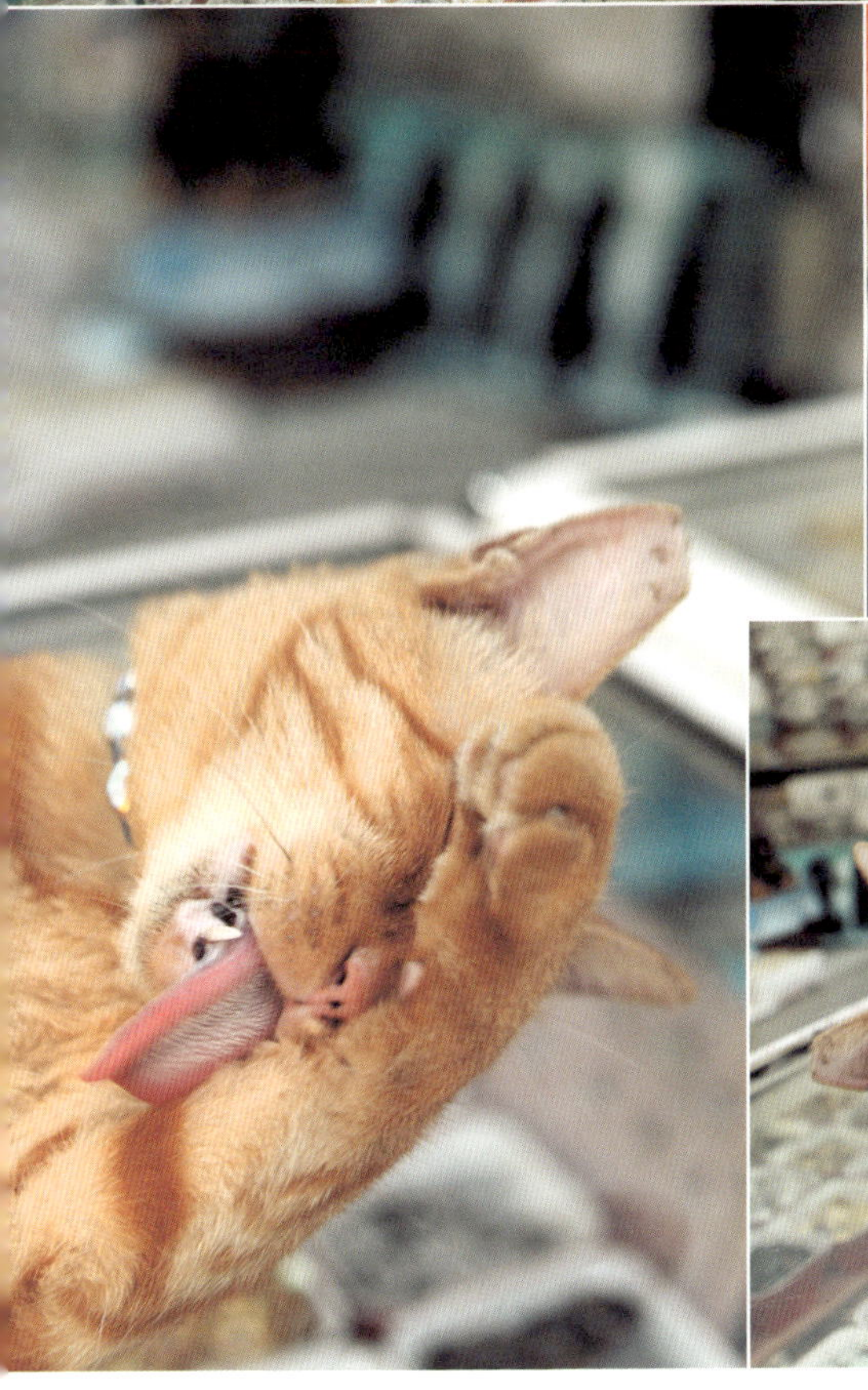

から。わたしは一歩足を踏み出した。目を覚ましたらご挨拶しようと思っていた店長が起きた。だからわたしは、申し訳なさ全開の照れ笑いを浮かべて、猫を指差した。「撮ってもいいですか？」

「この子はとってもおとなしいの。いくらでも撮りなさい」

店長はそう言ってくれた。ホっとしたわたしは急にフットワークが軽くなり、そそくさとカメラを取り出した。上品で美人の店長と店員さんが、愛しの猫ちゃんがパシャパシャパシャとモデルになっているのをうれしそうに見ている。撮影を手伝ってくれたうえ、猫たちを飼うことになったいきさつも話してくれた。ここの猫ちゃんはみんなノラで、でもいい子だったから放っておけなくて、結局飼うことにしたんだって。ちゃんと避妊手術もしてあげたそう。

猫の名前はピカとミャー。どっちも人の言うことをよく理解して、元気でかわ

いい。ピカとミャーは、ネズミを取らない。しかもノラ犬が怖いそうだ。でもご近所さんはみんな、2匹のことが大好きっていうから、これも猫ちゃんが自らの魅力と努力で、新しいファンを獲得した成功例だろう。

何週間かあとに再度お邪魔したら、ミャーがどこかへ行ったまま、もう3日も帰ってこなくて、事故にでも遭ってやしないかって店長さんが心配していた。ねえ！　外で冒険なんかしてないで、早く帰ってきて！

【果物屋さん】

「傻大姐水果店」

台北市永吉路30巷104号

トラは
太っちゃったからねぇ。
でも太ったあとのほうが
みんなから
かわぃがられてぃるよ。

フルーツ姫
タピオカ
（粉圓）

フルーツ王
邱《きゅう》さん

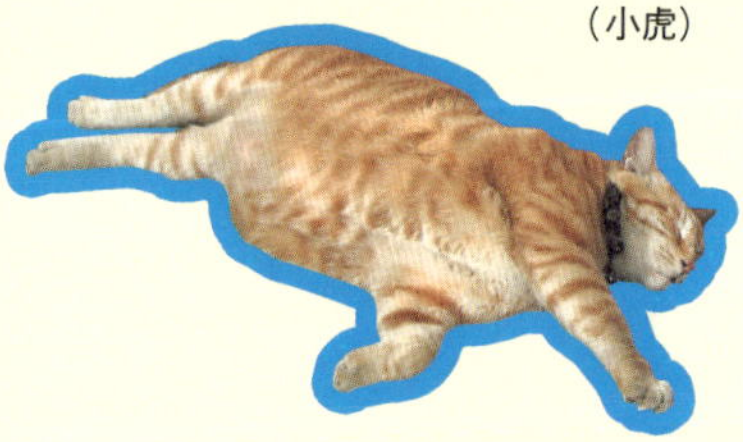

フルーツ王子
トラ
（小虎）

ちょうど働き盛りの中年にさしかかったトラは、まっとうな仕事にもつかず、ただ日がな一日、果物屋さんとドラッグストアを行ったり来たりしている。

果物屋さんは、彼が育った場所だ。最初このお店にやってきたとき、トラはネズミ捕りが大得意だと大いにアピールした。おかげで、それまで猫を飼ったことがなかった奥さんのOKが出て、住み着くことに成功した。ところが、1年もしたら、もう捕るのをやめて、目の前にネズミを見つけても道を譲るんだって。この怠け者！

隣にあるのは「康是美」というドラッグストア。トラはその後、かなり太り、あんまり動かなくなった。でも、でっかい体ととぼけたポーズで、むしろ人気者になった。ドラッグストアの店長さんは、トラを世話するお母さん的存在。店内にもトラが飲む水がかかさず用意してある。だからトラは毎日、大好きなド

トラはいつも
タピオカといっしょ。

ラッグストアの床に寝っ転がって、クーラーを浴びて、気持ちよくお昼寝している。お客さんはけっこう多いから、体の大きなトラがいると、通路でみんな立ち往生しちゃう。でも、だからって追い出されることもなく、とくに女性のお客さんから気に入られているみたい。みんな足を止めてトラを撫でたり、気持ちよさそうにおなかを見せて眠る姿を遠目に眺める。

トラの人生――いや「猫生」にとって、かけがえのない存在を紹介しなきゃ。まずは人――果物屋の主人である邱《きゅう》さん。そして猫――彼の親友、タピオカだ。気が小さいタピオカを、いつもトラが守ってやってる。夕方になると2匹はいつも、近くの公園を散歩し、新しい友達をさがす。トラというボディーガードがいるから、タピオカもだれかにいじめられる心配はない。

上には上があると言うけれど、好き

勝手にあっちこっち遊びに行っているようなトラにとって、邱さんがじつは大きな壁になっている。邱さんの命令なら、トラは絶対服従なのだ。かしこいトラは、この威厳ある社長には、パワーでは勝てないことを知っている。トラが邱社長のあとをとことこ愛嬌たっぷりについていく。社長が振り返って、にかーっとトラを見て笑う。トラったらなんてあざやかに、人の心をわしづかみにするのかしら！

トラがフルーツジュースのカウンターでリラックスしてると、道行く人が見てくる。みんなその姿形を講評したり、手を伸ばして撫でたり、カメラのレンズを向けたり。通りの犬も不思議そうに彼を見る。きっとワンちゃんの心には、嫉妬が渦巻いていることだろう。

台湾のスイカは
大きいけど、
トラのおしりは
もっと大きい。

送
1710
GoodSkin Labs
URIAGE
優麗雅・全球皮膚醫學推薦
SMOOTH-365
CITRA-PEEL
Lumecin
1935
GoodSkin Labs

SALE
SUN PLAY
買1送1
138
12004800
62027-00
抽取衛生紙
uno
超激泡

第二章

新北の猫たち（三重《さんちょう》、新荘《しんそう》、烏来《ウーライ》）

お金をかければ、
ペットと心が通じ合うとは限らない。
これまで、あちこちで身寄りのない猫ちゃんの世話をする人に出会った。
「どうってことないよ、餌をやってるだけさ」ってみんな言うけれど、
そんな気持ちがいちばん大事なんだ。

（訳注:新北市は台北市の周囲を取り囲むように広がる地方自治体。台北郊外の衛星都市として発展した板橋、新店、淡水河を挟んで台北の西に位置する新荘、三重、あるいは観光地として名高い淡水、烏来、平渓などあわせて29の区がある。2010年までは「台北県」と呼ばれた。）

【新荘の豆花《ドウファー》屋さん】「福寿街豆花店」

新北市新荘区福寿街55号

豆腐スイーツ屋さんの
人気猫――ドウファー。
お客さんの
自転車のカゴに入って、
「いっしょに連れてって」
だって。

食いしん坊のカメラマン
猫夫人

自転車大好きな猫
ドウファー（豆花喵）

あくびで
お客さんを
お出迎えする。

自転車のカゴに猫ちゃんをのせてお散歩——猫を飼っている人にとって、これほどうらやましいシチュエーションはないよね。

その夢を叶えてくれたのが、自転車大好きのドウファー。お借りした自転車の前カゴにドウファーをのせて、いざペダルを踏めば、心は躍り、笑いがこみ上げる。なのにドウファーときたら、しれっと涼しい顔。思わず、その顔のお肉をぷにぷにしたくなっちゃった。「ほら！ 学校まで送ってくよ！」って、まるでこの子のお母さんになったみたい。そんな幸せな瞬間を、猫仲間のナミくんに何枚も撮ってもらった。

店長さんによれば、新荘って、猫を飼ってるお店が多いんだって。こちらで飼ってる猫ちゃんはほかにも、たくさんいるけど、ドウファーがいちばん人なつっこい。豆花のお代をつんつんテーブルからつついて落としちゃうし、お客さんの

15
花生豆花
綠豆豆花
粉圓豆花
粉圓綠豆
加一樣加5元)

自転車のカゴにいつのまにか入って、お散歩までせがんじゃう。普段は、バイクのシートでお昼寝していて、とぼけた顔とまんまるな体に、みんなが足を止め、撫でたり、写真を撮ったり、大人気なんだそう。

「こっちは毎日汗水垂らして働いてるのに、こいつは涼しい店内に座ってるだけで、お客さんにかわいがってもらえるんだから、ずるいよなぁ」……と言いながら、店長の顔もほころんでいる。

わたしたち、豆花が食べたくなったら、いつも新荘で待ち合わせするようにしてる。だって昔ながらの美味しい豆花を味わうついでに、近所の店猫とたくさん会えるから!

オッドアイが
かわいいドウファー。
首かざりは
日がわり?

【新荘の花屋さん】

「源砌花卉」

新北市新荘区幸福路41号

うちの
猫ちゃんの特技は、
ポールダンスです。
くるくる、くるくる、
目が回らないのかなぁ。

ポールダンサー
花
（小花）

花屋の入口で、だれを待っているの?

猫を飼っている花屋さんは多いけれど、この新荘の花屋にいる花ちゃんはちょっと特別。なんと、特技がポールダンスなんだって。さっそく目の前で見せてもらったら、それは見事な身のこなしで、最後は寄り目のどや顔まで決めてくれた。楽しいったらありゃしない。

お店で売ってるキキョウの花は、花ちゃんお気に入りのおやつ。ダンスでおなかが空くのかな? ときどきつまみ食いされちゃうんだって。

わんぱくで食いしん坊な花ちゃんにも、かわいいロマンスがある。夕方になると、花ちゃんはきまっていつも店の入り口でシロくんという〝お友達〟を待つのだ。店長にからかわれても、ずっと外を見つめたまま。シロくんがいますぐ出て来てくれないかなってね。猫も、そんなふうに苦しくて切ない気持ちを持ってるのね。

さあ、台湾名物
ポールダンスを
ご覧あれ。

【新荘のDPEショップ】「京采数位影像」

新北市新荘区中港路488号

学校帰りの小学生が、
おしんをなでていると
やきもちやきの
ヒョウタンは……。

受付
おしん（小新）

ガードマン
ヒョウタン（葫蘆）

なでられて、
おしんも
気持ちよさそう。

今回訪れたのは、猫を20匹以上飼っているというお店。「きっとシャッター切りっぱなしだね」と、出かける支度をしているわたしに旦那さんも言ったけど、店に入った瞬間から写真を撮りまくるだろうって予感がしていた。

店の子供さんからもらった手紙に居ても立ってもいられず、さっそく車で会いに行った。だけど新荘は駐車に一苦労するところ。「早く猫ちゃんに会いたい！」と、はやる心を抑えながら駐車スペースを探すのは、まるで罰ゲームみたい！でも、猫ちゃんの撮影する日は、いつもラッキーが舞い降りる。奇跡的にすぐ駐車もでき、店に入ったとたんたくさんの猫ちゃんと出会えた！店の人との挨拶もそこそこに、さっそくふれあいタイムスタート！

この日はご機嫌取り用に猫缶と猫じゃらしを持参した。驚いたのは猫じゃらしへの反応がハンパじゃなかったこと。こ

この店には猫が20匹もいます!!

うして手に持つだけで、猫たちが目の前をぴょんぴょん飛び交う。おかげでカメラに手をかけることもできない。まったく、わたしはサーカスの調教師じゃないのよ。猫じゃらしを高く掲げて前進すれば、みんな一列に並んでついてくる。今度はツアーガイドになった気分!?

いけない、いけない、このままでは日が暮れてしまう。猫じゃらしを隠して、ご家族と猫たちとのエピソードを聞かせてもらう。もともとはみんなノラで、最初は数匹だったのが、世話したお母さんのご飯がおいしかったのか、食事時にどんどん猫が集まってくるようになった。そのなかに、おしんと名付けられた子連れのお母さん猫がいて、口唇裂で口が変形していたけど、元気に生きて、赤ちゃんも立派に育ててあげた。わたしがお邪魔したとき、おしんは入り口でごろんと横になり、行き交う人や車に怖じる様子もない。きっと人を信頼しているんだ。

そのとき、ひとりの女の子がやって来た。やさしくおしんを撫でる姿はまるで昔からの友達みたい。聞いたら、毎日学校帰り、猫たちに会いに来るんだって。

なかでもお気に入りはヒョウタン。体はでっかいのに、恥ずかしがり屋のヒョウタンが、女の子のもとへぴゅんっと駆けて行って、スリスリと額を寄せた。まさ

こちらの猫も「子供が拾ってくる」→「お母さんが面倒をみる」→「家族全員が猫好きに」——という猫飼いの黄金パターンだそう。

人と猫がなかよく仕事中。パソコンの上、熱くないの？

におしんを撫でている彼女の手を押しのけんばかり。あんたがやきもちやきってことは、みんな知ってるよ！

なんて感動的なシーンだろう。ヒョウタンはこの子が外にいるのに気づくと、外に出してくれるまで、なんどもせがむんだって。子供は猫の天敵って言うけれど、思う気持ちがあればそんな壁、打ち破ることができるんだ。動物を飼うことのよさは、こういうところにあるんだと思う。相手の負担になるのでなく、互いにぬくもりを与え合う。ヒョウタン、あなたって本当にワンダフル！

近所のマンションなどではノラ猫の存在に否定的な声もある。わたしたちは、ノラ猫のノミ駆除と避妊手術を行い、猫がありのままの生き方で、人と共存できるようサポートしている。これって人間にとっても猫にとっても、いい話だと思わない？

こら!
ヒョウタン!
やきもちやかないの!

【新荘の日用品店】

「徳芳購物商行」

新北市新荘区中港路488号

インスタント
ラーメンの
補充を忘れると
ほら！
猫ちゃんが箱のなかで、
眠っている。

アルバイト
ココ
（摳摳）

台湾の
ラーメンは
世界一。

猫の撮影に出かけると、目的以外の猫ちゃんに遭遇することがよくある。そんな素敵な偶然が重なって、期待はいつしか癖になり、今はどこに行っても必ず猫に会える気がしてならない。

今日もドウファーのところで豆花を食べたあと、猫がいそうなお店を探していた。すると、どこか気になる日用品店があって、入ってみたら、なんとインスタントラーメンの箱のなかで眠っている猫ちゃんを発見！　買い物にきたお客さんも気にしないし、猫も気兼ねなくすやすや。シャッターを押すわたしに、店のおかみさんが言った。「ココは、起きてるときのほうが、ずっとかわいいよ」。いやいや、眠れるココだって十分かわいい！　おかみさんが言うには、インスタントラーメンの補充が遅れると、すぐそのへこんだところにココが入ってしまうんだそう。ココのお気に入りは箱だけじゃない。商品棚に張ったロープも大好きで、

酔ってない、
酔ってない……。

前足をロープにからませ、ロープウェイのゴンドラみたいに、商品棚で体を滑らせて遊ぶ。

「ココは学校帰りの子供たちに大人気なんだよ。遊び盛りだから、元気に動きまわるけど、商品を倒したりはしない」んだって。

「トラ猫シロ腹　日給五万……」って、おかみさんがかわいい自作の歌を歌いながら、郵便局へ出かけていった。なんて気持ちのいい人なんだろう！　彼女の元気な笑い声がまだお店にこだましているよう。

【三重の八百屋】

「好厝辺」

新北市三重区力行路一段163号前

猫缶しか食べなぃ、
まんまる猫ちゃん
缶を叩けば、
すぐ寄ってくるよ！

店長
おばちゃん

アルバイト
ラブリー
（正妹）

ニガウリが
欲しい?
自分で取りな。

中秋節には当然、月を愛でながらバーベキューということで、朝早くから猫博士と買い物にやってきた。彼がカニ屋さんで品定めしているあいだ、隣の八百屋さんを覗いたら、おばちゃんといっしょに店番している猫を発見！　ところが、こんな楽しい場面に出会えたのにカメラを持ってない！　市場に猫ちゃんがいる

チビ猫のシスター（黒妞）も八百屋の一員。

なんて考えてもみなかった。

　おばちゃんがお店で飼ってる猫は、2匹とも猫缶しか食べないそうだ。茶トラのラブリーはかなりぽっちゃり型だけど、家にはもっと肥えた、8キロの猫ちゃんがいるんだって。

　ラブリーのカットされた耳を見てわたしは、この子が元ノラ猫で、避妊済みってことを知った。のんきそうに見えるおばちゃんだけど、こんなに猫たちを大事にしてる。野菜を売るっていうのは大変なお仕事なのに、それでも猫たちにぜいたくな食生活をさせているのは、猫たちのつらい境遇を埋め合わせしてあげたいっていう気持ちがあるんじゃないかな。

　体もお目目もまんまるなラブリーは、猫缶を叩くと、すっと近寄ってくるんだそう。でも今日は、なにもあげるものがない。一度家に戻って、カメラを取って来よう。そのとき猫缶をおみやげにして——って旦那さまと相談していたら、お

ばちゃんが恐縮した様子で言った。「この子たち、このメーカーのしか食べないのよ」

子供の好き嫌いをぜんぶ理解している母親のように、猫たちにいっぱいの愛情を注いでいるのが伝わってきた。

【烏来の温泉旅館】

「小川源温泉」

新北市烏来区烏来街32号

猫は
昼寝できて、
いいご身分だなあ！
でも、誰からも
憎まれないんだ。

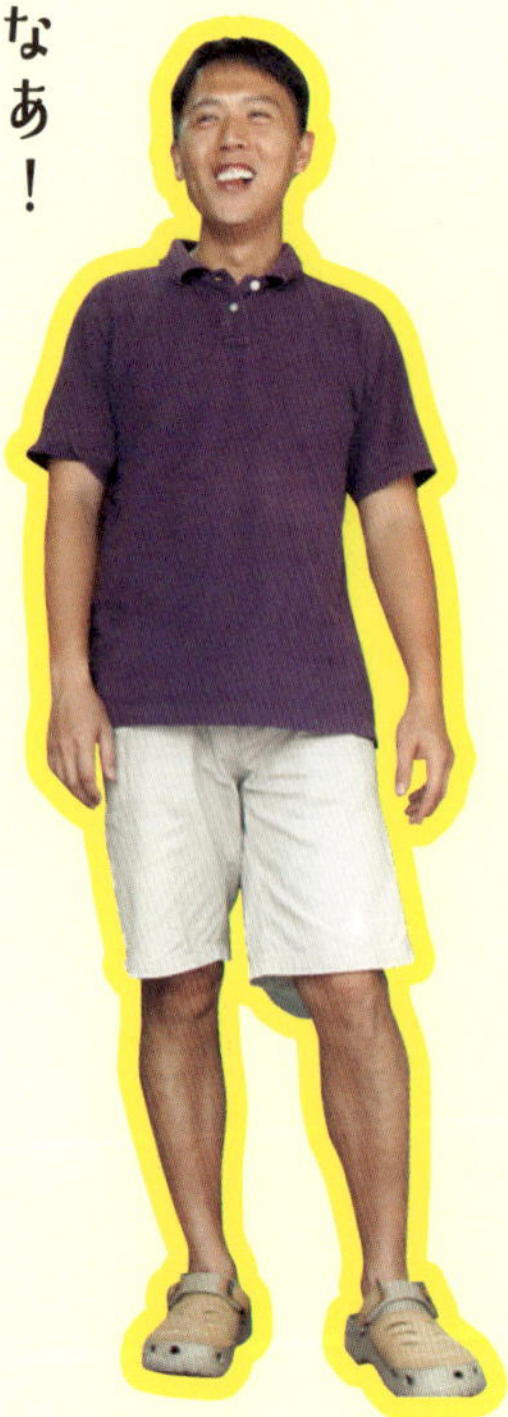

番頭
許《きょ》さん

かわいい女の子
ブー（小胖）

泉質は無色無臭。
「美人湯」で
有名です。

烏来は台湾先住民族・タイヤル族の村で、温泉と滝が有名な観光地。
「ウーライ」はタイヤル族の言葉で「温泉」の意味。

烏来《ウーライ》でたっぷり過ごした午後、そこに住む人や猫を飼うお店のかたがたから、熱心なおもてなしを受けた。どんな人だろうと包み込んでくれるあたたかい場所、それが烏来。

昔ながらの町並みが続く「老街《ラオジエ》」には、アワ酒、温泉ピータン、おもち（小米酒、温泉皮蛋、麻糬）などの店が軒を連ね、とってもにぎやか。ほかの老街と同じで、烏来も売りは食べものばっかりね……と、少し考えこんでしまったけど、気づいたら自分も片手に飲みものを持ち、猫博士も腸詰めをおいしそうに食べている。いやはや、まあこれは、お店の人とつながるきっかけ作りということで……。

今回おじゃました「小川源」は、地元では老舗で知られる温泉旅館。来る前に、店番猫がいることはネットで確認済みだったので、入り口に立っていたきれいなおかみさんに猫のことをたずねてみ

玄関先で
お昼寝。

た。すると、質問が終わらないうちに横から太い声が――。

「ほら、そこにいるよ！　いいよなぁ、猫は。こっちはしんどい思いして配達してるのに、あいつは気持ちよく昼寝ときたもんだ！」と、プロパンガスの配達に来ていたおにいちゃんが、猫を指さして言った。

キジトラ白のブー。1歳の誕生日もまだだというのに、大胆にもお腹を天に向け、宿の入り口でお昼寝しちゃってる。犬ともなかよしというから、きっと温厚で人見知りしない猫ちゃんなのね。猫を見つめるみんなの笑顔から、この子は大切にされているんだなって思った。

【新店《しんてん》の雑穀屋さん】「佑昌雜糧行」

新北市新店区三民路123号

隣のコンビニで
涼んでるよ。
親猫はネズミ捕りの
名手だったんだ
けどねぇ。

社長
ミー（小米）

店長
若おかみ

ご両親は精米工場のネズミ捕り名人だったというミー。だからネズミ捕りの血筋を見込まれこの店に貰われてきたわけだけど、それからいくとせ、いっこうにネズミを捕らない。若おかみは「期待したわたしがバカだった」、なんてかわいく笑ってらっしゃるけど、ほら、見回してみても、ミーの姿はどこにもない。こういうときはきまって、隣のコンビニで涼んでいるそうだ。

「あのう、隣のミーがこちらに来てませんか?」

「今日はまだ、来てないみたーい」

と、店員たちが異口同音に答える。ミーったら、その愛らしい顔でこの通りじゅうの人を骨抜きにしてしまってるらしい。

そのとき、表のほうで小鳥を捕まえようとする猫——ミーの姿が目に入った。小走りして飛びかかったり、ほふく前進して近づいたり。でも、ちっともう

まくいかなくて、笑っちゃう。若おかみによると、最近は小鳥しか捕まえないらしい。

外回りを済ませ、ミーが店に戻ってきた。カウンターの上に陣取り、忙しい店内を見守っている。もうすっかり社長さんね！　お客さんもその姿を拝んだだけで満足して帰って行く。店の人やご近所に家族同然に愛されて、どうやらその社長の座は安泰だ。

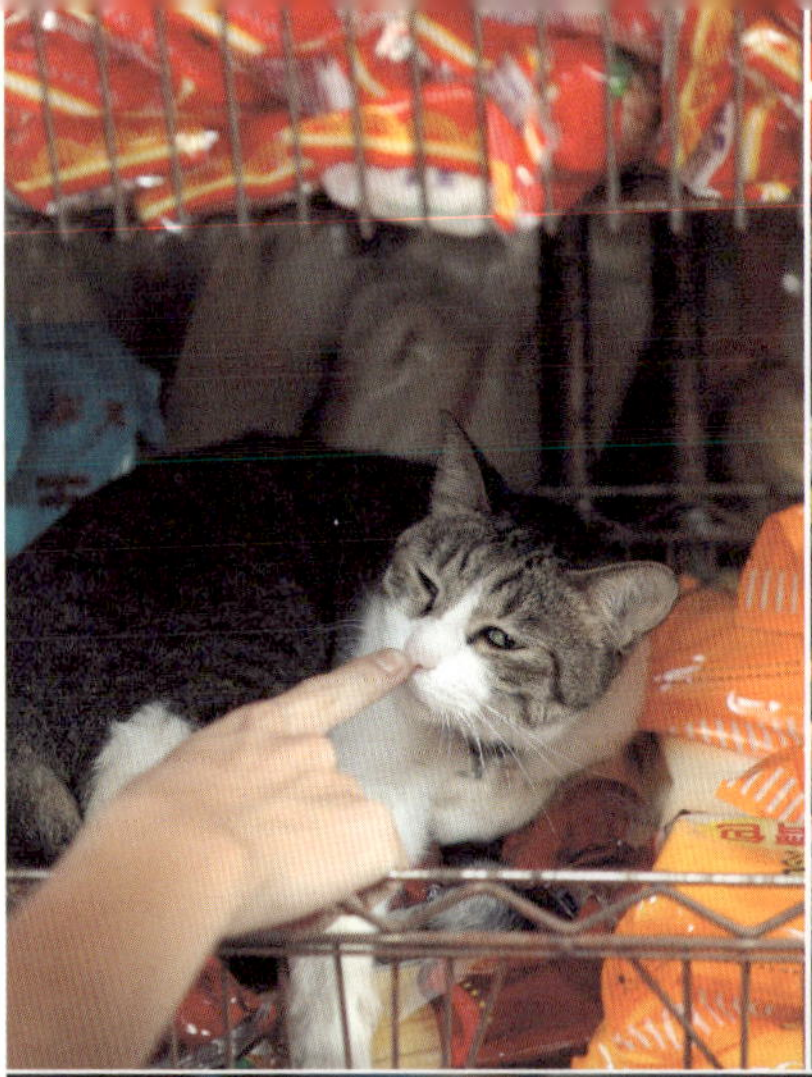

大雞排

股份有限公司
一段530號
傳真:(04)8752637
服務專線

Sie-Cheng Rice Husking
鹿野
12公斤
味丹
TATO STARCH
For Use In Food
IMPORTER
EXPIRY DATE

冬の
指定席は、
ここ。

【烏来のみやげ屋さん】

「景麗特産」

新北市烏来区烏来街52号

スナック菓子が
大好きなアミンには、
日本から会いにくる
ファンもいる！

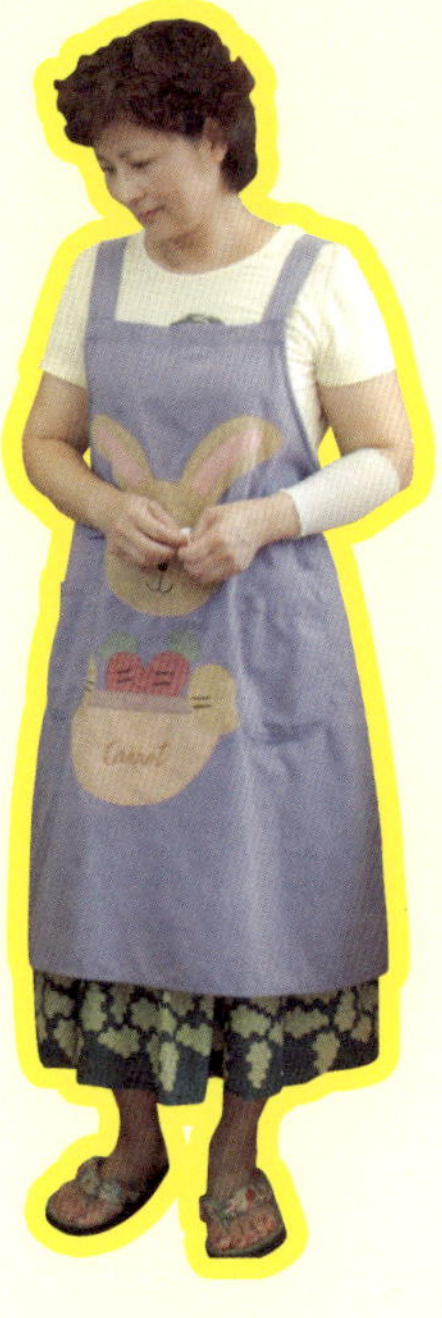

大家さん
美人店長

居候
アミン（阿明）

烏来の名物は、アワ酒(小米酒)や温泉卵。
さあ、いらっしゃい、いらっしゃい。

アミンは大きな鼻と彫りの深い顔が特徴の猫ちゃん。東欧の人みたいな顔立ちと裏腹に、本当はとってもコミカルな猫ちゃんなの。初めて会いにいったときは、木箱のなかで寝ていて、どんなに呼んでも知らんぷり。美人店長が抱き上げてきてくれなかったら、その顔すら拝めなかったんだから。

アミンはスナック菓子が大好きで、店

長が慣れた手つきでシャカシャカ振ると、目をキラーンと輝かせて飛んでくる。でも、ジャンクフードは体によくないから、もらえるのはいつも少しだけ。日本にもファンがいるって言うから、健康管理とスタイルの維持が大事よね。アミンはパトロールもよくするし、ポーズをとって客寄せもする優秀な看板猫なのだ。

アミンが
店の色と
似てるのは偶然?

【烏来のレストラン】

「嘉昌飲食」

新北市烏来区瀑布路7号

タイヤル族料理のお店で
見つけた、
超ヘビー級猫ちゃん。
烏来イチの美女に
抱かれても何食わぬ顔。

タイヤル族の花
ニニさん

レストランの
ヘビー級居候
ベイビー
（宝貝）

ベイビーはデブちゃんだけど、
クーラー嫌いのエコロジー派!?

竹筒飯は竹に
もち米などを
入れて炊いた、
タイヤル族の名物。

「滝を見物するおデブ猫がいるそうだ！」——そんな噂を聞いてわたしは烏来へやって来た。聞き込みをしながら歩いていくと、とあるレストランの前に、遠目でもそれとわかるほどの、超ヘビー級猫ちゃんがごろりと寝ていた。レストランのおばちゃんに訊くと、その猫——ベイビーは女の子なんだって！　こんな大き

彼女は
タイヤル族の
頭目の孫娘。

なメス猫はそうそうお目にかかったことがない。ベイビーは冷房も苦手だし、日に当たるのも大嫌いなんだそう。

猛暑の午後に来たのは失敗だった。ベイビーったら、滝を見に行くどころか、少しも動こうとしない。そのとき、見目麗しい女の子がやってきた。先住民族の伝統衣装を身につけたニニさんに「猫、好き?」と話しかけると、彼女はもじもじはにかんでばかり。初対面だけど、わたしはズバリお願いしてみた。

「この子を抱っこしているところ、撮らせてくれない?」

するとニニさん、快諾してくれたはいいけど、猫を抱っこしたことがないらしく、両手を泳がせるばかり。最後はなんとか抱き上げたけど、その重さにびっくりしてる。一方ベイビーはその間ビクリともせず、ずっと無表情。美女に抱かれるくらい、大したことじゃないのね。

レストランのおばちゃんが最後に、ぽ

つりと一言。「今どきの娘さんは本当に、美人が多いねぇ。ミス・コンの世界大会に出られるよ!」。イノシシ肉をほおばっていたわたしは、スレンダーな二二さんを見つめて、自己嫌悪に陥るのであった……。

第三章

猫を追って東へ南へ

わたしの作品のなかでも、お年寄りと猫の組合せはとても多い。
お年寄りの物静かで達観したオーラと、
猫のゆったり優雅な物腰は、
見る人にほっこりとした温もりを与えてくれる。

【基隆《キールン》の本屋さん】
「自立書局」

基隆市義二路46号

おじいちゃんの
音楽に聴き惚れる
三毛ちゃん
まさに知音《ちいん》の友ね。

基隆で最初の
大道芸人
陳上恵《ちんじょうけい》さん

ベストセラー作家の
名を頂いた文学猫
三毛
（三毛阿嬤）

2度目に三毛を訪ねたとき、この書店の創業者である陳《ちん》さんと会うことができた。わたしの目的が猫の撮影だと知って、陳さんは三毛と遊び始めた。たいていの人はカメラを向けられると照れて、逃げてしまうものだけど、このおじいちゃんは、なんともフレンドリー。足元でスリスリする三毛に満面の笑みを浮かべて、とても94歳には見えない。

64年の歴史を持つこの書店は、基隆《キールン》の人びとにとって、なじみ深い場所だ。地元出身の友人は、小さいころよく来た

（※訳注：三毛《サンマオ》 1943−91年。台湾の作家。スペイン人の夫と西サハラで暮らす生活を描いた76年のデビュー作『撒哈拉的故事（サハラ物語）』など著書多数。このほかに、79年齊豫の名曲「橄欖樹（オリーブの木）」の歌詞、90年映画『レッド・ダスト／滾滾紅塵』の脚本なども手がけた。）

と言っていた。当時としてはかなり大きな書店で、ベストセラーの本や文房具がいっぱい並ぶ。

三毛は本に囲まれて過ごすのが大好き。だから、台湾の有名な作家※と同じ名前を付けてもらったというわけ。三毛は今年で9歳。避妊手術を受けるまで3度の出産を経験して、人間なら、そろそろおばあちゃんの年齢だ。

実は陳さん、三毛以外にも十数匹の猫を飼っている。でも、やっぱりいちばんのなかよしは三毛。でも、お店にほかの猫ちゃんが見当たらないのはどうして？　陳さんによると、三毛は気性が荒いうえにヤキモチ焼きで、ほかの猫とはそりが合わない。だから、三毛のいる1階には、ほかの猫が降りてこなくなったんだそう。おまけに三毛は犬が大嫌い。本屋の前を通りかかった犬は、もれなく三毛のパンチを食らうらしい。

そんな話を聞いていたら、三毛が突

おじいちゃんは
ミュージックソー
の名人。

然おじいちゃんの手に噛み付いた。

「おや、悪口を言ったのが気に入らなかったかな?」と、おじいちゃんは噛まれた手を引っ込めようともせず、ニコニコしてる。お互いのことを知り尽くしたふたり(ひとりと一匹)の、自然で和やかなやり取りを見つめながら、ペットを飼うことのよろこびを改めて感じたのだった。

　そうそう、陳さんは基隆で初めての大道芸人だという。ほら今、店の一角に腰掛け、ミュージックソーを演奏し始めた。三毛も特等席に腰掛け、おじいちゃんを応援するように見つめている。わたしもいっしょに、台湾語の名曲「望春《バンツ》風《ホン》」の調べに耳を傾け、本屋さんに広がる音色を楽しんだ。撮影のおまけにしてはあまりにも贅沢なショーでした。

94歳のおじいちゃんと、9歳の三
毛のほほえましいスキンシップ。

【金山《きんざん》のさつまいも屋さん】「金山地瓜行」

新北市金山区金包里街61号

おぃもと同じ色の
アーチャンを、
みんな写真に
撮りたがるんだよ。

さつまいもの王者

アーチャン（小強）

ある朝、わたしのかわいい妹分のＪＯＹちゃんから、「退屈。どこか行こうよ～」とメッセージが入っていたので、久しぶりに金山《きんざん》まで名物のガチョウを食べに行くことにした。おいしいものに、女は目がないからね。

お目当てのお店がある老街を歩けば、金山特産のさつまいもを売る店が軒を連ねている。

「さつまいもの山から、猫ちゃんが現れたりしないかなぁ」。そんなわたしの独り言に、ＪＯＹちゃんはあきれ顔。彼女は猫より食い気らしい。

するとそのとき、通りのすみをすり抜けて、一匹のキジトラが現れた！ 本能的に猫のあとを追いながら、目ざとく首輪を発見。「これはもしや、どこかのさつまいも屋さんの猫かも……」と期待がふくらむ。

そして猫が足を止めたのはズバリ、さつまいも屋さんの前！ おまけに、店先

おいもと
間違えて
量らないで。

に立ってるおじいちゃんの足にスリスリしてる。わたしってなんでこう〝持ってる〟んだろう！　自分でも感動しちゃう。

「この猫ちゃん、ここで飼ってるんですか？　写真、撮ってもいいですか？」

と、わたしは、行儀よくおじいちゃんに訊いた。すると、答えは、

「いいよ～。本当はモデル料をもらうところだけど、さつまいもを買ったらチャラにしてあげよう」

そんなオヤジギャグをかましながら、おじいちゃんは店の奥から大きな封筒を持ってきた。そこから宝物のように取り出したのは、日本人のお客さんが送ってくれたという猫の写真。そう、そこに写っているのはキジトラのアーチャン。でもアーチャン、写真よりもかなり貫禄がついた感じ。写真はどれもほっこりするようなショットばかりで、撮影した人も大の猫好きに違いない。

さて、このアーチャン、普段はさつまよ

いもの上を行ったり来たりしながら、お客さんをどんどん呼び込んでいる。毛の色がさつまいもに近いから、たまにお客さんを驚かせちゃうことも。ネズミもよく捕るし、商品には手を出さないというのだから、なるほどアーチャンはなかなか優秀な看板猫なのだ。

いいか、写真を撮るときはあごを引くんだ。そうすれば二重あごが写らないぞ。

【瑞芳《ずいほう》の喜餅《シービン》屋さん】「龍珍訂婚喜餅」

新北市瑞芳区明灯路3段7号

いつもおじいちゃんの
うしろにくっついて、
軒先を散歩。
言葉はなくても
抜群のコンビネーション。

菓子職人
おじいちゃん

弟子
ミミ（咪咪）

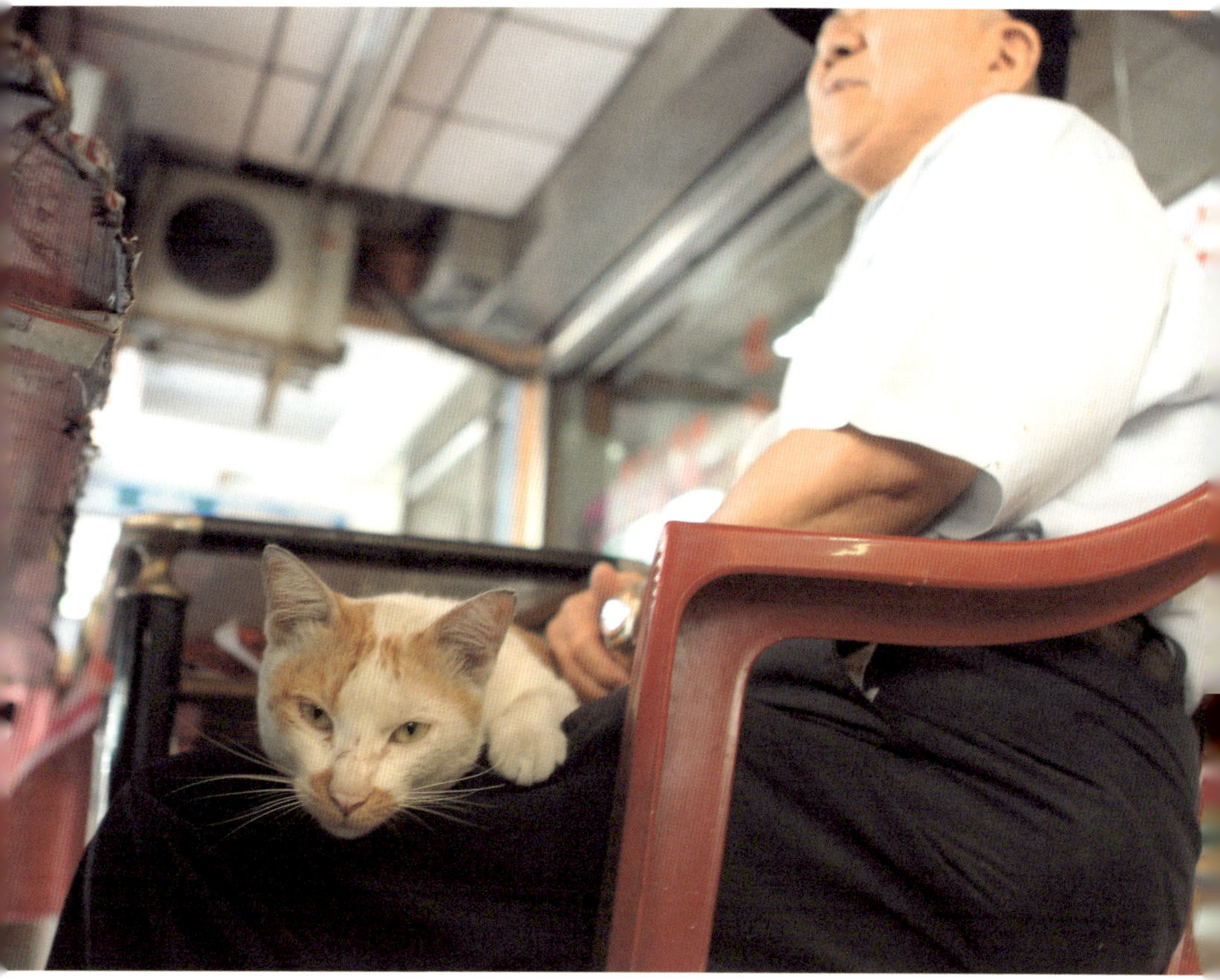

おじいちゃんの店は、瑞芳《ずいほう》では有名な「喜餅《シービン》」（台湾で、結婚のときに配るお菓子）の老舗。40年以上にわたるお菓子作りからリタイアして、今は息子さんに店を任せている。それでも毎日のように顔を出して、忙しくお客さんの相手をしているんだそう。ここ何年か、わたしは猴硐《ホウトン》の猫村に通っているから、瑞芳はしょっちゅう通るのだけど、おじいちゃんとミミのペアを知ったのはつい最近のこと。瑞芳の動物病院に入院していた猫を迎えに行った帰りに、このかわいい猫ちゃんを発見したのだ。

店先に腰掛けて新聞を読むおじいちゃんの足元で、ミミが寝ている。起こさないように身振り手振りで、猫の写真を撮りたいと伝えると、おじいちゃんはやさしい笑顔でうなずく。ではさっそく……とカメラを構えたそのとき、ミミは目を覚まして、ピョンと逃げていった。悔しがるわたしを尻目に、おじいちゃんが

ニコニコ手招きをする。するとミミが戻ってきて、おじいちゃんの膝にちょこんと飛び乗った。なるほど、ミミったら、おじいちゃんの言うことは素直に聞くのね。

世の酸いも甘いも知り尽くしたようなミミだけど、実はまだ2歳ちょっと。あら、おばあちゃんが店から出てきた。

「この子はね、おじいちゃんの言うことしか聞かないんだよ。おじいちゃんが行くところなら、どこにもついていっちゃうんだから」——と言ったところで、おじいちゃんがくるっと背を向けて、店のなかへ入っていった。たしかに、ミミはすぐそのあとを追いかける。おじいちゃん、聞いてないような顔つきで、わざわざ実演してみせてくれたのね。それからあとも、おじいちゃんとミミのなかよしぶりがおばあちゃんと息子さんに暴露されていくのだが、おじいちゃんはなにも言わず、ただ、ミミと軒下の歩道を歩きまわったり、膝の上に飛び乗らせたり、

話に合わせて実演するのだ。説明するほうも、実演するほうも、どちらも本当に楽しそう。

こんな人と猫のふれあいに感動を覚えるのは、この美しいコンビネーションが、時間をかけて育まれてきたものだってわかるから。たった2年の交流で、まるで幼なじみみたいに、言葉がなくとも気持ちが通じ合う。こんな幸せな気持ちは、きっとペットを飼ったことがない人にも伝わるんじゃないかしら。

【花蓮《かれん》の古本屋さん】

「時光二手書店」

花蓮市建国路8号

なつかしぃ
雰囲気の
古本屋に貰われて、
看板猫になった。
犬の先輩とも
仲よし。

文学青年

ウッディ
（Woody）

手作
50元
豆干包

ひきだしがウッディの特等席。

ゆったりした時間が流れる花蓮《かれん》の街。昔ながらの平屋や木造家屋を見ていると、なつかしい50～60年代へタイムスリップしたかのように感じる。せっかくだから自転車をレンタルして、のんびり気ままに、猫が出没しそうな通りを散策したくなる。

ウッディは今年の6月に、「時光」という古本屋さんの看板猫になったばかり。これまでもここに居候した猫は何匹もいたけれど、そのほとんどがすぐどこかへ去っていった。なぜかというと、ここには看板犬の「ファンシー」がいるから。ファンシーは選り好みがとても激しく、なかなか新しい店員となるお墨付きが貰えない。だけどウッディは超がつくほどおだやかな性格。だからファンシーも異議を唱えず、犬好きのオーナー、アニンもこの猫ちゃんを時光の一員として迎えることを決めたのだ。

時光は、花蓮市の建国路沿いにある、

古い民家を改装した店だ。窓や戸は木製で、くすんだ青色や淡いオレンジ色は昔のまま。店内も温もりのある色調でまとめられ、ところどころに置かれた小学校の机と椅子がなんともなつかしい気持ちにさせる。ここならコーヒー1杯で何時間でもいられそう。入り口のガラスには「冷気と猫が逃げないよう、戸を閉めてください」と注意書きがあって、猫好きのわたしはほっこりした気持ちになった。こういう素敵な場所は、たくさん写真に残しておきたい。

ウッディは市内の林森路で拾われた。きっと捨て猫だったんだろう。店員が店に連れて帰り、お風呂に入れて、汚い毛を剃ってやったとき、ウッディはじっとおとなしくしていたという。

今では、古い本に囲まれた生活にも慣れ、アンティークチェストの引き出しがお昼寝の場所となり、それを見つけたお客さんも大喜び。でも、たまにネズミを捕ってくるので、いちおう店猫としての役目は果たしているみたい。それにもう、ウッディにはファンがたくさんついてるっていうから、大丈夫。いつまでもここにいてね。

店の一角に「買わないで里親になって」というシェルター支援のメッセージが

EN HOMMAGE A OZU
CAFÉ LUMIÈ
un film de Hou Hsiao-

ドが置いてあり、店長さんが動物愛護の熱心なボランティアであることを知った。ペットを捨てる行為はあとを絶たないけど、命を大事にするという当たり前の考え方をしっかり広げていきたい。動物を飼うということには、 生面倒をみるという責任が伴うのだから。

猫以外は
買い取り
いたします。

【新竹《しんちく》のキャットストリート】

「新竹猫街」

新竹市大成街

傷だらけで
腹ペコの
ノラ猫だったけど、
みんなで
世話を始めたんだ。

ブティックのマヌカン

ペイペイ
（珮珮）

おまけ

シルバーショップ「品鑫磊」の
ハナブチ（斑斑）
バットマン（蝙蝠俠）
チョンマゲ（一撇）
ソックス（襪子）

キャット
ストリートへ
ようこそ。

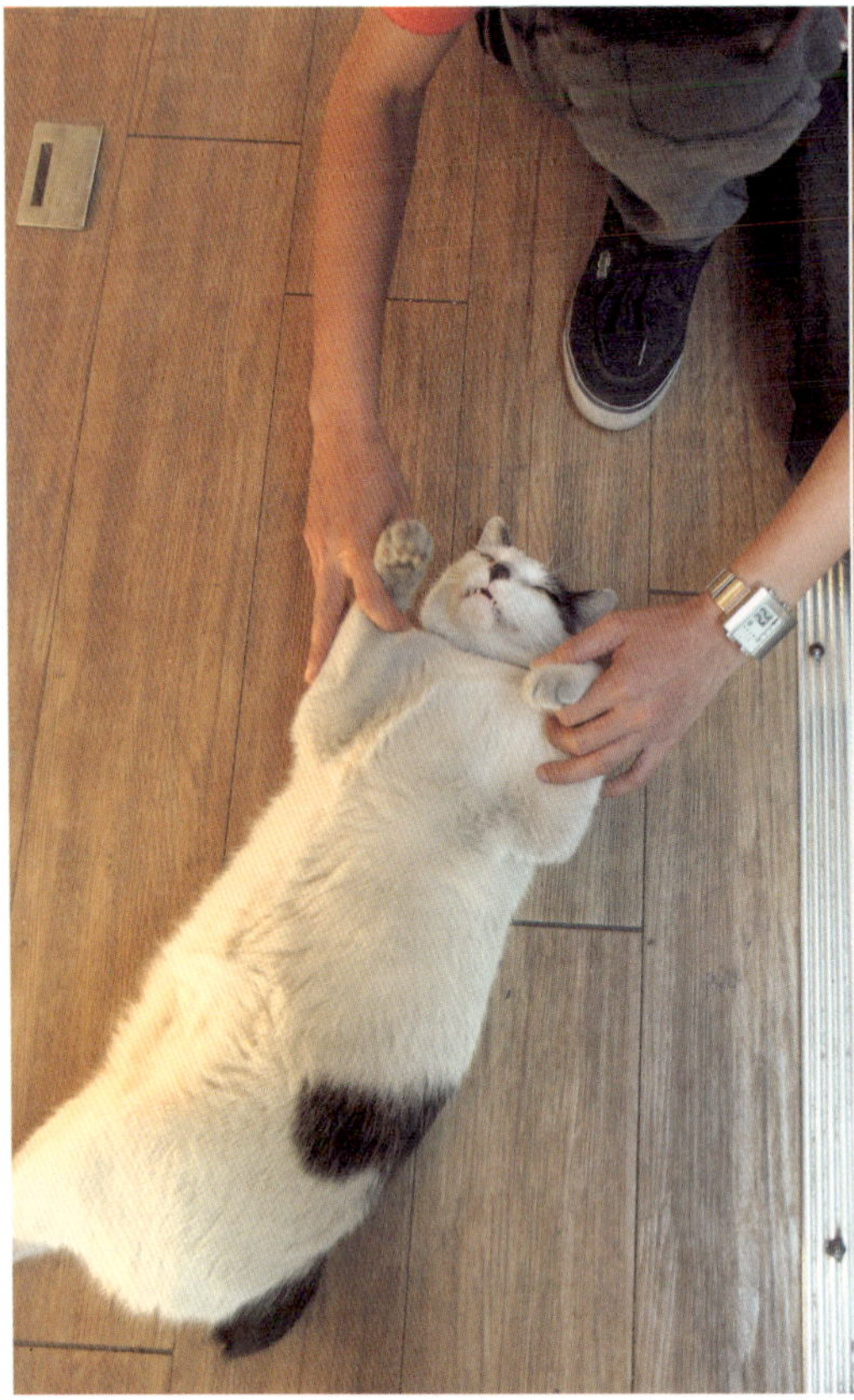

前作『猫楽園』で取り上げた猴硐は、世界的に有名な猫村となった。そして今度は新竹《しんちく》で、猫ちゃんがいっぱいいるキャットストリートを発見した。

ここは新竹の繁華街にある、短い通り——大成街《たいせいかい》。あまりパッとしない入り口から足を踏み入れれば、そこはまったくの別世界が広がっていた。

シルバー
ショップで
一番のデブ猫、
ハナブチ。

地元の人たちはこの通りを、「新竹の西《さい》門《もん》町」と呼ぶ。ショップに並んでいるのは流行最先端のファッションとアクセサリーばかり。個性的なフレグランスがただよい、おしゃれな若者たちが闊歩し、その奇抜なファッションがめくるめくように並ぶ……。まったくついていけない。いやはや、年をとったもんだ。

ブティックの看板猫ペイペイは、人成街イチのおデブさん。それ以外にもクリーニング屋のプリンなどたくさんの猫ちゃんがいて、お話を聞いたシルバーアクセサリーショップにはバットマン、ソックス、ハナブチ、チョンマゲと4匹も……。かつてはみんな傷だらけで腹ペコのノラだったけど、今はそれぞれのお店で大事に飼われている。そう、猫をかわいがることが、いつのまにか流行となってストリート全体に広がり、みんなで猫情報をシェアしたり、必要なものを貸し借りしたり、里親探しに協力したりするようになったと

クリーニング屋のプリン（布丁）

いう。若い仲間たちがそれぞれ、店のスペースと営業時間を無駄にしてまで、猫たちの世話をしてくれている。

だからほら、ここの猫ちゃんはみんな招き猫。お店の商品より人気があったりするんだって！

【苗栗《びょうりつ》の家具工房】「日盛創意工房」

苗栗県三義郷双潭村連潭8隣103号

大自然のなかで、
自由に、楽しく
遊んでるよ。
狩りの練習でも
しているのかな？

家具職人
ファーさん

棟梁
小判
（銭銭）

4匹とも
小判の子供

今日は早起きして、夫の猫博士といっしょに苗栗《びょうりつ》県三義にやって来た。数年前まではよく、子供たちとここの手作り工芸イベントに参加したものだ。今はすっかり親と出かけたくない年頃になってしまったけどね。

家具職人のファーさんとは、9時にお邪魔すると約束したのに、慣れない山道でなかなか工房にたどり着けない。結局、ファーさんがバイクで迎えにきてくれた。畑の小道を抜けた先に、猫の大家族が楽しくくらしているだなんて、だれも想像しないだろう。

工房に到着したら、もうあっちこっちで猫ちゃんがくつろいでる！ドアを開けるのももどかしく、今すぐに車から降りて、猫ちゃんたちとたわむれたい！

ファーさんとは初対面なのに、わたしは挨拶もそこそこに、〝猫の海〟に飛び込んでいった。猫博士が代わりに自己紹介してくれなきゃ、どこの非常識な猫マニアだ、なんて思われていたかもしれない。奥さまは、わたしの撮影機材があまり多いのにびっくりして、猫博士のことをアシスタントだと勘違いしたらしい。そんなこと、恐れ多くてできませーん！

奥さまにお話を聞くと、数年前、かわいがっていた猫を交通事故で亡くし、それからしばらくは猫を飼う気になれなかったのだそう。でも、工房をここに移したら、また猫たちといっしょにくら

したいという考えがもたげてきた。

最初にやって来た猫は、今年で5歳になる小判。最近、4匹の赤ちゃんを産んだ。もう1匹のテン（黒点）も3匹産んだばかり。ただ、お父さんの正体がわからなくて、隣村のオヤジ猫くらいしか思い当たるフシがない。

そんな子猫ちゃんたちが、わっと飛び出てきて、もうかわいくてたまらない！

奥さまによれば、小判はネズミやヤモリ、キジバトをくわえてきて、子猫たちに遊ばせるんだって。狩りの仕方を教えているのかな？ 隣のおうちには納屋があって、ネズミがよく出たんだけど、ファーさんのうちが猫を飼うようになってから、ぴたりといなくなったそうだ。やっぱり見せしめの効果あり？

自然のなかでくらす猫たちは、毎日楽しいことしかないみたい。あそびなんて、シラサギをジーッと観察すること2時間。その場を動こうともせず、ひめ

から呼んでも目玉をキョロッと動かすだけ。猫たちは畑の小道を散歩したり、木の上で用を足したり、生活のすべてが大自然のなかにとけこんでる。猫たちにこんなのびのびした生活をさせてくれているファーさん夫妻に心から感謝！

番外編

まだまだいるよ、ニャンコたち

どの店の看板猫にも、それぞれ個性がある。わがままだろうと、なまけものだろうと、お客さんはそんな猫たちの魅力に惹かれてしまうのだ。店猫がいれば千客万来なうえに、家族の距離もぐっと縮まる。猫は財運も幸運も連れてきてくれるんだ。

3

【台北の漢方薬局】「内湖蔘薬行」

漢方調理好鄰居
全國首創
八珍湯
長高湯
你家小孩(長大人)了嗎?
轉骨湯幫助發育成長
增強記憶力免煎易服
十全大補湯
臨床應用：補血益氣、
疲勞衰弱、頭目暈眩、
足膝無力、諸虛百損、
產後術後體虛之調理
通血路湯
生化湯
每包60元
加味四物湯

【基隆の宝くじ販売所】「聯美彩券行」

今天開

威力彩
今天開

【台北の花屋さん】「経典花店」

【宜蘭《ぎらん》の理髪店さん】「流行男子髪廊」

【台中のレンタルバイク屋】

「成功租車行」

寄車處

【新竹のくだもの屋さん】

【三重の総合卸問屋さん】「穂豊批発行」

【基隆のケーキ屋さん】

「聖保羅麵包」

【基隆の木材店】

【新店市のDIY教室】
「1064 WORK SHOP」

【三重の自動車部品販売店】「建信汽車電機」

【苗《びょう》栗《りつ》のお面工房】「山板樵臉譜文化生活館」

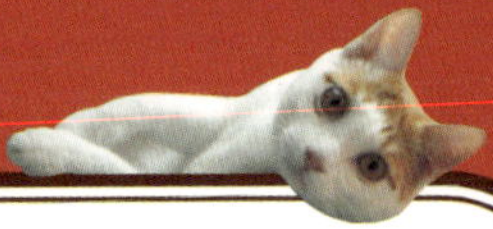

あとがき「猫夫人ってどんな人？」

猫夫人、とは不思議な名前だが、猫ではない。人間の女性である。猫の夫人でもない。人間である獣医の奥さんである。（つまり獣医の旦那さんが猫診療の第一人者であることから猫博士と呼ばれ、彼女は「猫博士夫人」となった。現在は省略して「猫夫人」と名乗っている）。さらに2人の人間の子供を育てる母でもあり、なおかつ現在6匹の猫を育てる人間のお母さんでもある。

彼女は猫が大好きで、猫専門で写真を撮るようになり、猫をサポートするため台湾中を駆け巡り、そして猫のおかげで有名になった。彼女の猫写真ブログは大きな反響を呼び（1000万ページビューを超え、今は閉鎖。フェイスブックは9万いいね！突破）、台湾で猫と言えば必ず名前が挙がるようになった。ディスカバリーチャンネルなど新聞・テレビの取材を受けるほか、個展・ワークショップをたびたび開催し、2009年の第2回田代島にゃんフォトコンテストでは「金猫大賞」を受賞したという、筋金入りの〝猫好き〟夫人である。

もっとも、彼女は最初から猫好きだったわけではない。実家では犬を飼っていたし、最初は猫が苦手だった。きっかけは学生時代、バイト先から猫を2匹引き取ったことで、結婚後も、猫好きの夫が率先してさらに何匹か貰ってきて、なかよく暮らしていた。その後、出産と子育てで世話が難しくなり、友達などに引き取ってもらったが、一旦火がついた「猫愛」は収まらず、子供が小学校に上がるのを待って（娘さんも「飼いたい！」と言い出し）、再び猫を飼い始めて今に至る。カメラも、ご主人から趣味を持つようにプレゼントされたもので、まったく気楽な気持ちで猫を撮り（子供や夫を撮っていたら嫌がられ、被写体を猫にした）その後、ブログに写真を載せたら、まさかこんな未来が開かれていとは……。

彼女を有名にしたのは、かわいい猫写真だけでなく、彼女の行動力である。ブログでたくさんの猫仲間と知り合い、いろんな経験、情報を共有、交換するようになった彼女は２００８年ごろ、台北郊外（新北市瑞芳区）の猴硐《ホウトン》に大量の猫がいるということを知った。ここはかつて炭鉱で栄え、最盛期はおよそ３０００人の人口があったが、その後長くさびれ、過疎が進んだ。鉄道に寄り添う全長３００ｍほどの小さな村に暮らすのは２００人程の老人ばかり。でもここに１２０匹もの猫ちゃんがいたのだ！　彼女がブログに猴硐で撮影した猫たちの写真を載せるうち、台湾はおろか海外からも猫好きがここを訪れるようになり、台湾有数の「猫村」として脚光を浴びるようになった。もよりの台鉄・猴硐駅と猫村をつなぐ〝猫・人共用〟跨線陸橋も、瑞芳とつなぐ猫バスも、彼女がデザインに知恵を貸したという。２０１３年放映のＮＨＫ「岩合光昭の世界ネコ歩き」台湾編の、猫村などでの撮影も彼女がお手伝いしている。ちなみに猫村の猫（現在大体１４０匹いるそう）のうち９割は（黒猫以外は）すべて顔と名前が一致するそうだ。

猴硐のおじいちゃんおばあちゃんは、とても猫をかわいがっていたが、なにしろ数が多すぎた。

世話が行き届かず、餌が不足し、衛生状態も悪化した。そこで猫夫人たちは猫好きに呼びかけ、猫が病気にならないよう、清掃活動を行うことにした。それ以降も餌やり、去勢・避妊手術、予防接種など長期的にボランティア活動を展開。ノラ猫と地元コミュニティとの共生を実現した。

台湾では長いあいだ、猫に迷信や悪いイメージがあって、ネズミを捕まえるという役割以外、猫が顧みられることは少なかった。でもそれは、人間側の猫への無理解が原因だと猫夫人は考えた。お互いの生活を尊重すればもっとなかよくなれるし、猫ちゃんはなにしろかわいい。だから猫夫人はまず写真を通じて、猫のかわいさを普通の台湾人に知ってもらい、さらに実際のボランティア活動で猫をサポートし、人と猫の間に信頼が生まれるよう仲立ちし、猫の濡れ衣を晴らす努力をしている。その仕上げが写真集に添えられたエッセイで、猫と人との間に生まれた心温まるストーリーや笑っちゃうようなエピソードを、彼女は素直な気持ちで書き記す。

猴硐や九份《きゅうふん》、そして東北角《とうほくかく》、鹿港《ろっこう》、新埔《しんほ》、南投《なんとう》などの北台湾の田舎猫たちを描いた最初の写真エッセイ『猫楽園』に続き、本書は、台北市や新北市などを中心に（田舎好きの猫夫人にしては珍しいロケ地だ）、路地や昔ながらの商店街を歩いて、我が物顔で店番している店猫を撮影し、店の飼い主やお客さんたちとのふれあいを描いた。台湾では2011年11月に、『台灣這裡猫當家』として木馬

文化より刊行された彼女にとっては2冊目の写真エッセイである。
本書は猫のかわいさだけじゃなく、台湾の生活、文化のすばらしさをもっと知ってもらおう（台湾の人にも、外国の人にも）という、猫夫人の考えから生まれた。もっとも登場するお店の多くは、ずっと前から何度も訪問し、猫とも人ともすっかりなかよし。だからこそ捉えられた飾りのない笑顔と屈託のないふれあいを写真と文章で楽しんでいただけたらと思う。
今回の邦訳刊行だが、翻訳については、第二章の新北以降を小栗山智さんに訳してもらい、第一章を担当した天野が全体の文体、分量を整え、校正を行った。したがって最終文責は天野にある。また、写真については、原著掲載作品だけでなく取材時のデータを猫夫人よりお預かりし、WAVE出版の設楽さんが写真をイチから選び直した。あいだでサポートした黄とともに、みなさんに感謝を申し上げる。この本は、台日コラボレーションの最良の形になったのではないかと思う。また、猫夫人を日本にお招きしてトークイベントなども予定しているので、ぜひご期待ください。
本書に登場する店や猫たちの情報は刊行時のもので、その後についてはとくに確認していない。台湾旅行の際にはぜひ、猴硐猫村や猫カフェだけでなく、商店街や何気ないお店も覗いて見て欲しい。もしかしたらそこで、新しい看板猫が見つかるかもしれない。

天野健太郎

猫夫人（簡佩玲）〔ねこふじん/マオフーレン〕

猫好きで撮影を始め、猫がいると聞けばフットワーク軽く、台湾中を駆け回ってカメラを構える。猫写真を掲載したブログは大人気となり、1000万ページビューを数え（現在は閉鎖）、Facebook公式ページ（ https://www.facebook.com/catpalin/ ）は9万いいね!を突破。台湾で多くの個展を開き、新聞・雑誌・テレビの取材のほか、ディスカバリーチャンネルにも出演。野良猫とコミュニティとの共存を目指し、台北郊外のホウトン（猴硐）で去勢手術や環境美化など息の長いボランティア活動を続け、ひなびた旧炭鉱町を世界中の猫好きが訪れる猫村に変えた。

2009年第2回田代島にゃんフォトコンテスト「金猫大賞」受賞。2013年には新宿ペンタックスフォーラムで個展「猫の楽園—台湾—」を開催。

フォトエッセイ『猫楽園（原題：台灣這裡有貓）』（イースト・プレス）、『猫散歩』（凱特文化）のほか、ボランティア記録『猴硐：猫城物語』（猫頭鷹出版社）など著作多数。


【訳者】

天野健太郎（あまの けんたろう）

1971年、愛知県三河出身。京都府立大学文学部国中文専攻卒業。2000年より国立台湾師範大学国語中心などに留学。帰国後は中国語翻訳、会議通訳者。聞文堂LLC代表（ツイッターアカウント「@taiwan_about」）、台湾書籍を日本語で紹介するサイト「もっと台湾（http://www.motto-taiwan.com）」主宰。訳書に『台湾海峡一九四九』龍應台著（白水社）、『猫楽園』 猫夫人著（イースト・プレス）。『日本統治時代の台湾』陳柔縉著（PHP研究所）、『歩道橋の魔術師』呉明益著（白水社）など。

小栗山智（おぐりやま とも）

東京外語大中国語学科卒、台湾輔仁大学翻訳学研究所日中通訳科修了。香港で放送通訳、金融翻訳などのインハウス通翻訳を経て、現在はフリーランスの日中通翻訳者。訳書に『敬天格物－中國歴代玉器ガイド』、『故宮勝概新編』、『名匠の魂と神仙の業—明清彫刻展【竹木果核篇/象牙犀角篇】』、『国宝菁華』（以上国立故宮博物院刊行）、『禅道と花』、『悠閒靜思-陳進婦女の美』（以上台湾国立歴史博物館刊行）、『アウトサイダー ～闘魚～（上・下）』（竹書房）など。

台灣這裡貓當家

デザイン……………………田中公子(TENTEN GRAPHICS)
編集協力…………………黄碧君(聞文堂LLC)
編集……………………………設楽幸生

店主は、猫

台湾の看板ニャンコたち

2016年3月25日 第1版第1刷発行

著 者 猫夫人
訳 者 天野健太郎、小栗山智

発行者 玉越直人
発行所 WAVE出版
〒102-0074 東京都千代田区九段南4-7-15
TEL.03-3261-3713 FAX.03-3261-3823
振替00100-7-366376
info@wave-publishers.co.jp
http://www.wave-publishers.co.jp
印刷・製本 東京印書館

ISBN978-4-87290-793-3
NDC645 174p 21cm

またどうぞ
（謝謝光臨！）